# *NOUVEAUX ESSAIS*

# D'AGRICULTURE

## *A LA FAVEUR DES ENCLOS,*

Comparés avec l'ancienne culture soumise au parcours,

DÉDIÉS

*A Nosseigneurs les ÉLUS Généraux du Duché de Bourgogne.*

Par un Fermier de la Province.

*Nec facilem esse viam voluit patet ipse voluit.* VIRG. Georg. liv. I.

A BESANÇON;

De l'Imprimerie de CL. JOS. DACLIN, Imprimeur du Roi, &c.

*Et se vend*

Chez JACQ. PHIL. CHABOZ, Marchand Libraire.

M. DCCLXIX.

# A MESSEIGNEURS

## *LES*

## ÉLUS GÉNÉRAUX

### *DU DUCHÉ*

### DE BOURGOGNE.

*MESSEIGNEURS,*

PARMI les Arts que vous avez honorés de votre protection, & secourus de vos bienfaits, vous n'avez pas vu que l'Agriculture languiſſante & timide ait encore oſé oppoſer votre puiſſance aux objets contraires à ſa proſpérité ; il paroît même que la Province du Duché de Bourgogne, opulente par ſon terrein fertile & par des productions de la plus grande valeur, n'a point été ſenſible à la fermentation d'Agriculture dont toute l'Europe eſt agitée. Les Citoyens occupés du ſyſtême dominant des manufactures, ont perdu de vûe la cultivation, ou ne l'ont enviſagée que comme un Art borné, ſimple & ſujet aux mépris. En effet les Cultivateurs dirigés par des réglemens qui leur commandent de laiſſer repoſer la terre, & de reſpecter le droit de parcours, n'exercent certainement qu'une profeſſion de vils eſclaves, réſervée à des hommes matériels & groſſiers ; mais s'ils ſont jamais affranchis de la ſervitude injurieuſe qui les rend imbécilles & découragés, on verra bientôt l'induſtrie jouiſſant de ſa liberté, élever cet Art à des progrès inconcevables. Je ſçais qu'animé du deſir de venger les Cultivateurs, ſi longtemps outragés, vous attendiez, MESSEIGNEURS, qu'on vous fît appercevoir les vices de gouvernement dont cette branche eſt affectée, & qu'on vous éclairât ſur les ſuccès dont elle eſt ſuſceptible. Pluſieurs années d'expérience ont cimenté les démonſtrations que j'ai l'honneur de vous offrir ; c'eſt après avoir cultivé la terre dans un ordre éloigné des préceptes de nos peres & l'avoir forcée ſans interruption & ſans repos à des récoltes ſurprenantes, que j'ai cru que l'Agriculture étoit un Art, que ce n'étoit point une témérité d'embraſſer de nouveaux principes, & les conſidérant utiles, d'en faire un hommage aux Protecteurs de la Nation.

# ÉCLAIRCISSEMENT.

LE droit de parcours établi dans plusieurs Provinces du Royaume est devenu le sujet d'une question problématique difficile à résoudre, si par un nouveau genre de culture prévu, on ne démontre combien il est inférieur à l'usage des clôtures. Nous avons appris par plusieurs années d'expérience qu'un propriétaire jouissant de ses fonds à l'exclusion de tous autres, peut tripler ses fourages, son bétail, ses engrais, ses récoltes ; ainsi après avoir combattu le droit de parcours par lui-même, nous examinons l'état forcé de dépérissement où se trouve l'Agriculture, & nous

prouvons combien elle eft fufceptible de progrès en lui rendant la liberté. Il a fallu avant
que de démolir donner le plan
d'un nouvel édifice, entrer dans
les détails, divifer les objets par
chapitre, & préfenter l'ennui
d'un ouvrage étendu.

# TABLE

## DES CHAPITRES.

# NOUVEAUX ESSAIS
## *D'AGRICULTURE*
### A LA FAVEUR DES ENCLOS.

# CHAPITRE PREMIER.

## *Du Parcours.*

*Fas erat antè Jovem partiri limite
campum.* VIRG. *Geor. l.* 1.

LE besoin de cultiver les
terres quand un Peuple
devint nombreux, fit
naître les partages & les Loix ;
le droit de parcours, plus an-

cien que les Loix mêmes, se découvre dans la barbarie des siécles les plus reculés ; quelques familles au milieu des déserts, éleverent des troupeaux, dès que la chasse ne suffit plus à leur consommation : Telle fut la première profession, & la plus naturelle, qu'ont exercé nos pères, lorsque la surface du globe couverte de productions confuses, n'offroit que de l'herbe & des bois : Telle fut l'origine du parcours, si respecté parmi nous, quoiqu'il ne soit qu'un monument de la condition sauvage & grossière où l'humanité fut long-temps réduite.

Croira-t'on dans les fiécles à
venir, que chez des Peuples
policés, créateurs de tous les
arts, l'Agriculture fut affujétie
à des maximes confacrées par
les Loix ; qu'un droit de parcours, fondé fur des avantages
imaginaires, enchaina les Cultivateurs dans la contrainte d'o-
béir à des coûtumes bizarres qui
prefcrivent la marche de leurs
travaux ? Comment l'efprit hu-
main, qui ne fe retrouve que
dans l'ufage de la liberté, a-t'il
pu concevoir que l'art de la cultivation exigeoit la captivité des
Ordonnances ? Si tous les arts
avoient autant fouffert du ca-

price des Loix que l'Agriculture , nous ſerions encore par
peuplades logés dans les forêts.

Oſeroit-on préſumer que le
parcours entretenant la multiplication du bétail , autoriſe l'ar-
rangement des jachéres , & que
le repos qu'on donne à la terre ,
ſoit un ordre établi ſur des expériences infaillibles , qui ont
convaincu nos ancêtres de l'impoſſibilité d'aller plus loin , &
combien il ſeroit audacieux de
franchir la barrière inſurmonta-
ble que la nature a tracée ? Le
préjugé , l'appui des foibles , eſt
la redoute d'où l'on bat l'enne-
mi des nouveautés. Nos anciens

éprouvés, dira-t'on, ont fouillé la nature jusques dans ſes replis les plus cachés ; tout eſt découvert ; parcours, prés, bétail, engrais, culture, tout eſt bien : Que peut-on eſpérer de mieux ? Mais n'a-t'on pas droit de répondre à ce langage timide, qu'un penchant plus naturel qui nous invite ſans ceſſe à des recherches, ſemble nous avertir qu'il eſt de l'harmonie de la création que l'homme penſe, développe, perfectionne encore ce que l'on crut perfectionné, & qu'il arrive enfin au but fructueux où l'émulation aſpire.

Pourquoi ce droit de parcours

si nécessaire souffre-t'il la vigne, & sur tout ces enclos immenses, qui ne représentent que le mépris de la terre & l'excès du faste par des productions sans valeur; tandis que le tiers ou la moitié des terres où germent les alimens précieux de l'humanité, se trouve proscrite, condamnée à rester en friches, comme si l'abondance étoit plus à craindre que la disette, & comme si la politique de l'État avoit pressenti qu'une population plus nombreuse doit préparer sa chûte ?

Quelle violence plus illicite que de contraindre des Cultivateurs à la maxime générale des jachéres , sous prétexte que les Artisans & les Manœuvres des Campagnes fondent l'espoir de leurs troupeaux sur l'herbe aride, stérile & malsaine qui languit dans les chaumes ! Mais fut-ce pour eux la plus précieuse ressource , il n'appartient qu'au Cultivateur de nourrir du bétail; & dès que la Loi naturelle l'aura rétabli dans le droit de possession absolue , bientôt des troupeaux plus nombreux rendront son terrein plus fertile , ses facultés plus étendues , ses dépenses plus considérables ; d'où la classe qui nous arrête tirera des secours plus réels que de l'usufruit du parcours.

A supposer qu'une Communauté uniquement peuplée de familles agricoles, trouve en elle-même à se passer des Artisans & des Manœuvres, qu'importeroit alors que le droit de parcours eût lieu, & que tel Laboureur fit dévorer le pâturage de mon champ, pendant que je ferois manger l'herbe du sien, puisque de Cultivateurs à Cultivateurs le nombre des bestiaux est ou doit être en raison de la quantité des journaux de terres que chacun d'eux cultive ? mais toutes les Communautés font remplies de Manœuvres, & ce font ceux-là même qui n'apperce-

vant au-deſſous d'eux aucun autre état plus miſérable, ne crai-
gnent pas de groſſir la population, & de donner le jour à des
êtres qui ne feront jamais plus
infortunés que leurs pères : C'eſt
auſſi la claſſe des Sujets la plus
digne des égards & de la protection des Souverains. Le don
qu'on a prétendu leur faire de
l'uſage du parcours, n'eſt qu'une
pure chimére. Un Manœuvre ne
peut nourrir du bétail qu'autant
qu'il aura des fourages pour
l'hiverner. Or ſi deux journaux
de prairies ordinaires donnent à
peine un produit ſuffiſant pour
alimenter une vache, je ſoutiens

A v

que ces deux mêmes arpens , à
la faveur des clôtures , des a-
mendemens & des herbages artificiels , suffiroient pour en nourrir deux & trois , quand même on
seroit privé de pâturages communaux. D'ailleurs , si par les
preuves de la plus grande pros-
périté l'expérience confirmoit
aujourd'hui aux yeux des Cultivateurs combien le parcours est
inférieur à la culture des enclos ,
à peine une révolution de trente
années pourroit déterminer généralement les clôtures ; & jusqu'à ce qu'enfin tous les héritages fussent fermés , il s'y pré-
senteroit bien des moyens de ras-

furer les familles qui ne font pas agricoles.

Eft-il rien qui paroiffe auffi vain que la vaine pâture, puif-que 1°. C'eft un empêchement certain à la multiplication ( *a* ) du bétail, de même qu'à l'ac-croiffement de la population. 2°.

---

( *a* ) En admettant qu'il n'eft aucun moyen d'élever du bétail que par les pâturages, on fent bien qu'un territoire affecté du droit de parcours, ne fera jamais chargé de tout le bétail qu'il pourroit nourrir ; que fi les clô-tures avoient lieu, le Cultivateur clair-voyant fur fes intéréts, reconnoitroit bientôt ce que fon terrein peut nourrir de piéces de bétail, d'où il arriveroit que la multiplica-tion en deviendroit auffi étendue qu'elle eft fufceptible de l'être par cette voie ; & que dans la fervitude du parcours, le Manœuvre étant maître d'amener deux ou trois cens moutons fur le territoire de la Communauté, le Cultivateur incertain du produit des pâtu-rages, fera toujours borné à n'avoir qu'un très-petit nombre de bétail.

A vj

Toute espèce de bétail qui n'a de nourriture que des pâturages communaux, sera nécessairement dégénérée, petite, vile & méprisable. 3°. Le droit de nourrir du bétail sur le bien d'autrui, encourage des fainéans à devenir les pasteurs de quelques veaux & moutons, qui ne sont élevés, nourris, engraissés qu'au préjudice des terres ensemencées de grains, & des travaux des Cultivateurs. 4°. Les Artisans & les Manœuvres, fussent-ils sans ressource, par l'événement général des clôtures, trouveront chez les Cultivateurs des pâturages ouverts à leur bétail; ou

du moins le prix de leurs jour-
nées deviendra d'une valeur capable de les dédommager de la
perte du parcours. 5°. Les va-
cheries & les grands troupeaux
caufent des dommages confidérables dans les pâtures, fur tout
après les pluies; l'herbe foulée,
enfevelie, refte longtemps fans
donner de produit; il arrive auffi
que les vaches portantes, ma-
lades ou pareffeufes, ne trouvent pas de fubfiftance après les
dégats des premières, d'où l'on
infére que le bétail divifé par
petits troupeaux, aura toujours
des pâturages d'un meilleur rapport. 6°. Les forêts étant prefque

par tout épuisées d'arbres anciens, on ne sçait plus comment réparer & construire ; tandis que si les clôtures étoient permises, on pourroit planter dans les haies des peupliers d'Italie, & dans vingt à trente ans on auroit des millions d'arbres propres aux bâtimens. 7°. L'Agriculture enfin, le seul art qui dût être libre, éprouve lui seul la contrainte avilissante d'une Loi qui régle sa marche. Qu'on ne soit plus étonné si l'état de Cultivateurs est dégradé & méprisable aux yeux d'un Peuple, qui ne distingue l'homme que par les talens, puisqu'au moment qu'on

embraſſe cette profeſſion , il eſt
défendu de penſer, d'agir, d'é-
prouver & d'aſpirer à des ſuccès.

Nous ajoûterons que de l'inſ-
titution révoltante du parcours,
ſont nés les méſus, les gardes ,
les faux ſermens , les anticipa-
tions , les batailles , les procé-
dures éternelles, les haines ir-
réconciliables, la ruine , le découragement , la déſolation des
familles ; & que la liſte odieuſe
de ces termes , qui ſignifient
tourment, oppreſſion , miſére ,
eſt inconnue dans les climats où
les champs ſont fermés. ( *b* )

---

( *b* ) Les Seigneurs qui n'auroient de produit dans leurs Terres que celui des amendes,

# CHAPITRE II.

## *Des Jachères.*

Laisser reposer la terre après une ou deux récoltes, est un usage presque généralement adopté, si ce n'est dans certains territoires, où les fonds d'une qualité supérieure permettent une culture continuelle ; doit-

---

ne seroient pas fort empressés d'encourager les clôtures ; nous croyons cependant que tel qui n'est riche qu'en ruinant ses Vassaux, élève inhumainement sa fortune sur les gémissemens de l'humanité, & que c'est un bien dont on ne peut jouir paisiblement. Au reste le fruit des annuités dédommage rarement des frais ; & quand même il seroit vrai qu'elles seroient considérées comme revenu réel, l'avantage des clôtures tiendra lieu de cette perte.

on conclure de là que toutes les terres, avec le secours des amendemens, ne soient pas susceptibles d'arriver à ce point de fertilité? C'est une question nouvelle, ou tout au moins indécise, sur laquelle les Auteurs ont raisonné, sans oser statuer jusqu'à ce que l'expérience ait garanti la décision du doute.

Le sol le plus ingrat, fût-il humide, tenace & resserré, ou leger, aride & brûlant, deviendra fertile à force d'engrais; mais si la nature d'un aussi mauvais terrein exige toujours à chaque semaille une masse d'engrais très-considérable, alors l'impossibilité d'y pourvoir, & la dépense excédant les revenus du produit, on cessera de tenter, par de nouveaux efforts, la fécondation d'un terrein destiné à rester inculte.

Les terres actuellement en labour, quelque ingrates qu'elles soient, sont susceptibles de devenir plus ou moins fécondes, en proportion des amendemens qui y seront déposés; & cette fertilité s'étendra au point que consécutivement & sans relâche on obtiendra toutes les années des récoltes abondantes, pourvû que la culture des grains soit périodiquement entrecoupée de

celle des fourages ou des légumes.

La plûpart, & presque toutes les Communautés, sont d'autant mieux fondées d'admettre
l'usage des jachéres, que la rareté, la cherté & l'incertitude
des fourages naturels, s'oppo-
sant à la multiplication du bétail, les engrais ne sont pas
même suffisans pour aider les dis-
positions que la terre acquiert
par le repos. Ce n'est donc que
sur l'impuissance présente de réparer immédiatement la force
des terres épuisées par les productions, qu'on a recours aux
jachéres. Pour s'assurer plus clai-

rement que la source de cette maxime n'est que celle que nous lui supposons, jettons les yeux sur les jardins & sur les terres à proximité des Villes & Villages, & bientôt nous serons convaincus que le prétendu repos est inutile, puisque ces sortes de terreins, continuellement soutenus & réparés par les fumiers, donnent toutes les années d'abondantes récoltes. On n'a point bâti les Villes & Villages plutôt dans tel lieu que dans tel autre, par un choix décidé sur la fécondité du sol; la proximité des rivieres, des ruisseaux, des fontaines, est l'unique motif qui a fixé leur emplacement : Si conféquemment les jardins & les terres voifines des habitations n'ont pas befoin d'être aflujétis à la loi du repos, n'eft-ce pas plutôt l'effet des fumiers, qui n'y font point épargnés, que celui d'une fertilité naturelle ? Il ne refte plus aux jachéres que l'avantage de fournir des pâturages au parcours, & cet avantage n'eft pas fi certain qu'il ne puiffe être heureufement contefté.

L'ordre de culture a voulu que les territoires de peu d'étendue fuffent divifés en deux parties; l'une, pour être femée en

froment , & l'autre , pour ref-
ter en jachéres. Les territoires
plus vaftes fouffrent trois divifions, dont l'une eft en froment,
l'autre en feigle , orges ou légumes , & la troifième en jachéres.
Quel que foit le terrein , vafte ,
fertile ou non , la méthode des
trois divifions eft la plus fage &
la plus fructueufe. Suivant l'u-
fage qui prefcrit deux divifions,
la moitié des terres en jachéres
rend les pâtures plus abondantes ; mais ce n'eft toujours
qu'immédiatement après les
moiffons , jufqu'au 15 mars (*a*)

_______

(*a*) Au 15 de mars , les fourages fecs
étant épuifés , & les pâturages des jachéres

de l'année fuivante, que ces pâturages exiftent ; car dès qu'on commence à labourer les chaumes pour les difpofer à recevoir en automne la femence des fromens , dès-lors la reffource du bétail eft enfevelie , & les Manœuvres des campagnes n'ont aucun droit de réclamer leur parcours. Qu'importe donc, dans un temps où la terre ne donne plus d'alimens aux troupeaux ,

---

enfevelis fous les labours , il ne refte plus que les communes , dont l'herbe rare & peu durable influe beaucoup fur la dégénération du bétail. Les prairies artificielles , c'eft-àdire les tréfles & les luzernes , nutritives , abondantes & précoces , en donnant la faculté d'avoir des provifions d'hiver , font bonnes à faire manger en verd depuis le 1er. de mai.

qu'elle soit ensemencée de légumes ou de fourages ? & la (*b*)
Loi qui en prohibe la culture,
n'est-elle pas excessivement in-
juste ?

Il est évidemment démontré
que la méthode des jachéres
n'est point émanée d'un principe
apperçu d'où dépend la fécondité, ni d'un besoin de donner
des pâturages au bétail, mais
uniquement de l'impossibilité de
fournir assez d'amendemens à la
terre, pour la rendre susceptible de productions continuelles;

______________

(*b*) La Coûtume du Duché de Bourgogne
admet qu'on fasse des prairies partout ; mais
dès qu'elles ne sont pas aussi défendues que
les vignes, la permission n'existe pas.

d'où

d'où il réfulte toujours une violence dans la Loi, s'il arrive
qu'un feul Particulier ayant affez d'engrais, foit empêché de
faire valoir fon bien, & de jouir
fir fon revenu. Nous efpérons
prouver dans les chapitres fui-
vans comment cette faculté deviendroit commune à tous les
Cultivateurs, dès que les prairies feroient proportionnées aux
terres en labour.

B

# CHAPITRE III.
## Des Prairies naturelles.

LE bien du parcours exige qu'au 25 juin de chaque année, les prés soient fauchés, fanés, vuidés ou dévorés par le bétail de la Communauté. Ainsi vous propriétaires, vos prés ne font à vous que du 25 mars au 25 juin. Il n'appartenoit qu'à des siécles ténébreux d'imprimer le sceau de la légiflation fur des coûtumes auffi barbares, & de dépouiller le poffeffeur de l'ufufruit de propriété. S'il fut des temps malheureux de dépopulation , où notre fol avoit peu d'Habitans , le parcours s'étendit de droit naturel a travers des terreins déferts , abandonnés ; mais dès que la population s'eft accrue , & que la Nation fauvage , devenue agronome & regnicole , eft excitée d'accroître fes productions pour faciliter fon aifance & foulager fes charges , pourquoi fouffrir que le droit de propriété , équivoque & vague , ne foit point le vrai figne de la liberté d'exercer fon induftrie fur fon terrein , & de le traiter à fa manière ?

Le droit de parcours n'a donc rien épargné , & les prairies font fixées à ne donner qu'une seule récolte ; de là résulte le dégoût de les améliorer, la cherté des fourages, & l'impossibilité d'élever à profit du jeune bétail ; l'incertitude même du rapport de ces prairies, soit par les gelées, soit par les sécheresses, soit par les inondations, expose continuellement le Cultivateur à la contrainte de vendre son bétail. On est quelquefois étonné que le bétail soit à rien, lorsque les fourages sont chers, & que le bétail soit à haut prix, quand les fourages abondent. On trouve le dénouement de ce contraste dans l'insuffisance des prairies naturelles. Dès que les foins font communs, le Cultivateur conferve fon bétail, & les Foires font défertes ; mais dès que la difette, fréquente & prefque toujours univerfelle dans les Provinces ouvertes au parcours, lui dérobe la faculté de nourrir fon bétail, il arrive qu'à l'entrée de l'hiver, lorfque les pâturages manquent, les Foires font couvertes de vendeurs forcés, & le bétail eft à vil prix. De cette extrémité malheureufe fe préfentent le défaut d'engrais, la mauvaife culture, & le défordre de la pauvreté. On peut établir pour principe incontefta-

ble, que les prairies & les fourages font la bafe de l'Agriculture, puifqu'ils facilitent la multiplication du bétail & l'accroif-
fement des engrais, feuls capables de produire la fécondité;
que le droit de parcourir fur le
bien d'autrui, nous privant de
la faculté d'étendre nos prairies,
& de les améliorer, nous arrête
au premier pas qui conduit aux
progrès. Déja le foin des Réglemens s'eft défifté de fon infpec-
tion fur le commerce & l'exportation des grains, & nous avons
vu l'Agriculture languiffante fe
ranimer par l'effet de cette liberté : Quel ne fera point le cou-

rage & l'espoir du Laboureur,
si la Loi d'administration pro-
nonce qu'il n'appartient qu'au
propriétaire de sçavoir gouverner son bien !

Quand même les prairies naturelles donneroient régulière-
ment d'abondantes récoltes, elles feroient toujours insuffisantes,
en proportion du bétail que doit
nourrir un Cultivateur qui re-
cherche les succès. Les prairies
les plus étendues sont sur le bord
des rivières, à portée de la na-
vigation ; & l'avantage alors de
vendre les fourages, est au-des-
sus de celui de nourrir du bétail : La voie des prairies arti-

ficielles, tantôt recommandée,
tantôt combattue, est cependant la seule qui puisse relever
l'Agriculture de son état méprisable, débile & borné.

## CHAPITRE IV.

### Des Prairies artificielles.

A L'indice de ce chapitre le
préjugé se réveille & s'écrie, que nous avons des prairies naturelles, un droit de parcours; que c'a été la ressource
de tous les Cultivateurs qui nous
ont précédés, & la maxime de
tous les siécles ; que les prairies
artificielles sont imaginaires,

morbiféres , contagieufes , &
qui plus eft , inaffociables à notre fol. Mais quoi ! tandis que
la Hollande, la Flandre, l'Angleterre, la Provence, l'Efpa-
gne , l'Italie , nourriffent leurs
troupeaux avec des fourages artificiels ; par quelle inconcevable
fatalité, nous qui fommes
intermédiaires de ces Provinces
du nord & du midi, avons-nous
reconnu que notre climat , nos
chevaux , nos moutons , nos
bœufs, même nos ânes, ne font
pas d'une conflitution à fe fa-
miliarifer avec ces plantes? Loin
que les fourages artificiels foient
l'origine de la contagion , c'eft

qu'en Flandre les maladies épi-
démiques fur le bétail font in-
connues. En effet, ces fourages,
garnis d'une feule & même plante, n'ont que le défaut d'être
trop appétiffans & trop agréables
au bétail ; les dangers qu'on
leur impute, feroient plutôt les
effets d'une adminiftration mal
entendue, que des vices dont on
les croit affectés. Si cette rouille
redoutable, dont parlent certains Auteurs, a quelquefois in-
fefté les pâturages, les prairies
artificielles paroiffent devoir y
être moins fujettes que les naturelles. De l'aveu de tous les Auteurs, cette rofée glaçante &

non ( *a* ) acide, ne paroît que dans les mois d'avril & de mai. Or on fçait que les gelées qui arrivent dans cette faifon, ré-

---

( *a* ) Il feroit difficile de concevoir comment il y auroit une rofée acide capable de corroder le linge & les herbages, ainfi que plufieurs Ecrivains l'ont prétendu. Les acides du foufre & du nitre, les feuls qui foient vagues dans la nature, ne pourroient communiquer aux plantes aucun principe de mortalité ; ce font au contraire des anti-putrides très-efficaces ; il faudroit que l'air en voiturât des torrens, pour qu'ils devinflent nuifibles & dangereux. Nous croyons que l'effet de la rouille vient des frimats, qui s'élevant à peine fur la furface de la terre, humectent les herbes, & les rendent plus fenfibles à la gelée, d'où nait la défunion des principes & la deftruction de la plante. Il peut même arriver que les herbes foient gelées, & que les autres productions n'ayent rien fouffert, fi la vapeur humide, le frimat ou la rofée, n'a fait que rafer la terre. La gelée eft plus contraire ; lorfqu'elle eft fuivie d'un coup de foleil, le paffage immédiat de la chaleur au froid, du froid à la chaleur, altére tous les êtres de la création.

percutent, condensent la séve,
font périr les bourgeons de la vigne & des arbres fruitiers; conséquemment les herbes, d'autant plus frappées des impres-
fions du froid, qu'elles font plus
tendres, en ce qu'elles com-
mencent feulement à naître,
paroiffent en effet tachées d'une
couleur de rouille qui annonce
la corruption.

Les prairies artificielles vi-
goureufes & prématurées, plus
en état de réfifter à la diffolu-
tion de leur ptincipe, feront
moins fujettes à cette rouille,
puifque les gelées, ainfi que la
grande chaleur, ne retardent

point leur accroiſſement ; du
moins nous avons été témoins
que les gelées du printemps de
1767, qui ont affoibli la récolte des près communs, n'ont
rien opéré de dommageable ſur
nos prés artificiels.

---

## CHAPITRE V.

### Des Tréfles.

LE tréfle eſt un fourrage par-
fait pour tous les animaux
herbivores, très-capable de ra-
mener les eſpèces dégénérées à
leur premier état de conſtitution,
ou du moins de les y maintenir.
Il croît facilement dans toutes

fortes de terreins, même les plus arides; mais avec plus de succès dans les lieux humides, bas & féconds. Le seul reproche qu'on ait à faire à cette plante, c'est qu'elle est très-difficile à faner, & cet inconvénient, qu'il est aisé de surmonter, n'a pas laissé que d'en décréditer la culture. On considére aussi que les feuilles très-fines sont desséchées & réduites en poussiere, quand la tige muqueuse est encore dans un état d'humidité très-grand, d'où il résulte la perte des feuilles, qui, quoique ne formant qu'un très-petit déchet sur la récolte, rebute le Cultivateur. Le temps le plus favorable pour faner la première récolte , ne defféchera jamais fi parfaitement les tiges , qu'elles ne foient fujettes à moifir. La feconde récolte du 15 juillet, fera plus parfaitement defféchée , parce qu'alors l'ardeur du foleil eft plus puiffante ; mais comme les pâturages font très-rares dans la première faifon , & les foins très-épuifés , on employe la première récolte en verd à nourrir le bétail ( *a* ) dans les écuries. Si l'on

_____

( *a* ) Nous avons des bœufs de travail qui n'entrent jamais dans les pâturages qu'après les fruits & les moiffons , & qui font nourris en verd dans les écuries jufqu'au 1er. juillet. Nous obfervons la même méthode pour nos

prétend la faner, ainsi que la seconde & la troisième récoltes, de manière que cette humidité visqueuse ne cause aucune altération, il suffira d'y mêler de la paille sur le pré même. Un millier de paille bien mélangé dans quatre milliers de trèfle, facilitera la communication de l'air, entretiendra la désunion des tiges, qui subiroient des dégrés d'une fermentation d'autant plus corruptible, qu'elles feroient plus rapprochées & plus entassées sur elles-mêmes. Le

chevaux ; d'où il résulte que la masse de nos engrais est doublée. Les excrémens des animaux répandus dans les pâturages, ne sont que nuisibles à la végétation des plantes.

mélange d'un cinquième de paille sur quatre parties de tréfle, formera un fourage bien supérieur, & plus capable de réparer la force des animaux qui travaillent, que les foins naturels; mais dans le temps qu'ils seront dans l'inaction, le mélange peut être égal. Le Cultivateur, par une économie forcée, réduit souvent son bétail à ne vivre que de pailles ( *b* ) pendant l'hiver, ce qui le met dans l'épuisement

———————

( *b* ) Les alimens sont plus nutritifs à mesure que nous approchons du midi; il n'est pas surprenant que les pailles de ces contrées soient assez subitantielles pour suffire uniquement à la nourriture du bétail, tandis que dans notre région elles ont à peine la propriété de le soustraire à la famine,

& dans un état de maigreur, qui ne devient que trop souvent l'origine funeſte de ſa deſtruction. D'ailleurs les jeunes animaux, par la foibleſſe où les expoſe le défaut d'alimens ſubſtantiels, ſeront toujours petits, difformes & ſans valeur; & comment lorſque la nature n'eſt point fécondée dans ſes premiers efforts, n'y auroit-il pas empêchement à la force, à l'accroiſſement & à la bonne conſtitution de l'animal?

La culture du tréfle n'eſt ni diſpendieuſe, ni compliquée, & ne paroîtra point comme un projet accablant aux eſprits des

Cultivateurs. Sans couvrir la terre de prairies au préjudice des grains, nous allons prouver que l'année de ftérilité qu'impofe la loi des jachéres, deviendra la fource inépuifable des fourages, du bétail, des engrais & de l'a-bondance des récoltes.

Le tréfle profpére partout, & rien n'eft moins à charge que de le cultiver ; il ne faut que dix livres de graines pour enfe-mencer un journal de 360 per-ches ; la graine fe vend à Lyon 10 $^s$ la livre de 14 onces, ce qui revient environ à 6 $^{tt}$ par journal, mais dont la dépenfe feroit bien moindre fi l'on étoit

dans l'usage de s'en procurer de
son crû.

En soumettant généralement
la culture à trois divisions, on
reconnoîtra par le tableau que
nous exposons, s'il eût été plus
avantageux & plus favorable à
la multiplication du bétail d'ob-
tenir huit à neuf milliers de fourages d'un journal de terre, dans
le cours de quinze mois ; & si,
dans les mêmes vûes, le pâturage qu'il auroit fourni au parcours, auroit égalé, ou, pour
mieux dire, approché de l'effet
du premier produit.

On apperçoit par ce tableau
que chaque piéce de terre est de

*uaux*.

e.
année précédente, jusqu'au
t.

*uaux*.

et, ensuite le labour & pré-

*uaux*.

15 juillet, deux récoltes du
voir du Froment.

*Division* N° 1 , *contenant cent Journaux.*

Année 1768 , Froment.
Année 1769 , Tréfle & Orge, ou Seigle & Tréfle, ou Méteil & Tréfle.
Année 1770 , qui feroit l'année des Jachéres , deux récoltes de Tréfle femé l'année précédente, jufqu'au 15 juillet , enfuite labour & préparation de la terre à recevoir du Froment.
Année 1771 , Froment , &c.

*Division* N° 2 , *contenant cent Journaux.*

Année 1768 , Tréfle & Orge , &c.
Année 1769 , prairies de Tréfle, au lieu de Jachéres , jufqu'au 15 juillet , enfuite le labour & préparation de la terre à recevoir du Froment.
Année 1770 , Froment.
Année 1771 , Tréfle ou Orge.

*Division* N° 3 , *contenant cent Journaux.*

Année 1768 , au lieu de Jachéres , prairies de Tréfle. On fera , jufqu'au 15 juillet , deux récoltes du Tréfle femé en 1767 ; enfuite labour & préparation de la terre à recevoir du Froment.
Année 1769 , Froment.
Année 1770 , Tréfle & Orge.
Année 1771 , prairies de Tréfle , &c.

100 journaux; la division *N°.* 1 en 1768, eſt ſemée de froment; la ſeconde diviſion *N°.* 2, eſt ſemée en tréfle & orge, ou en méteil & tréfle, ou ſeigle & tréfle; mais la méthode de l'orge & du tréfle ſera toujours la plus ſûre. La troiſième diviſion *N°.* 3, ayant été ſemée en 1767 en tréfle & orge, ne repréſente en 1768 qu'une prairie de tréfle, qui depuis le 15 mai juſqu'au 15 juillet, donnera deux récoltes d'environ quatre à cinq milliers de fourages ſecs par journal.

La récolte de tréfle & d'orge de 1768, ſera d'environ trois

milliers de fourages par journal,
y compris la paille d'orge qui
s'y trouvera mélangée ; il y aura encore dans la même année
une autre récolte à la fin de sep-
tembre , d'environ un millier par
journal, de manière que les 100
journaux de cette division fourniront près de 400 milliers de
fourages.

Les prairies de la troisième
division donneront aussi dans la
même année 4 à 500 milliers
de tréfles purs , qui mélangés
avec des pailles , formeront près
de 600 milliers de fourages.

Quiconque posséde 300 journaux de terres en labour , doit

avoir au moins 60 ou 80 journaux de prés naturels, d'où l'on
obtiendroit plus de 150 milliers
de foins communs.

Je demande si tel Laboureur
avec 11 à 1200 milliers de
fourages ne seroit pas en état de
nourrir deux cens tant jumens
que poulains, ou trente bœufs
de travail, & soixante vaches,
avec tous les veaux ( *c* ) & ge-

---

Une des premières origines de la contagion
est que le Cultivateur élevant peu de jeunes
bestiaux suivant la maxime actuelle, est
forcé d'avoir recours aux Foires, d'où il a-
mene de 15 à 20 lieues, dans un nouveau climat, des animaux déja frappés de maladies,
& dont la constitution la plus saine n'est pas
à l'abri d'être altérée par la nature des alimens qui lui sont étrangers ; ce n'est qu'à
l'aide des prairies artificielles, que le Cultivateur peut renouveller lui-même son bétail,

niffes qui en proviendroient, jufqu'à l'âge de trois ans ; fi au
moyen d'une quantité de bétail
auffi prodigieufe, & fi fort au-
deffus de ce qu'elle eft aujour-
d'hui, les engrais ne feroient
pas affez multipliés pour tripler
le produit des récoltes ; fi les
prairies de tréfle, à l'abri des
inondations inaltérables par l'intempérie des faifons, & donnant des fourages d'une efpèce
la plus alimentaire & la plus
faine, expoferont les Cultivateurs aux défaftres de la con-

-------------------------------------

pour l'ufage de fes travaux ; & qu'alors on
n'expoferoit plus dans les Foires des beftiaux
utiles au labourage, mais feulement des bœufs
gras & des moutons pour les boucheries.

tagion,

tagion, à la difette des foins , &
à la contrainte de vendre fon bétail à contre-temps ; fi la multi-
tude du bétail ne rendra pas les
viandes de boucheries moins
chéres & plus abondantes ; fi les
beurres , les fromages ne feront
pas plus communs qu'ils le font
aujourd'hui ; fi nous ne trouve-
rons pas dans le fein de nos Provinces affez de chevaux de fervice & de valeur , pour n'avoir
plus recours à l'étranger ; & fi le
commerce des cuirs ne formera
pas dans la fuite une branche
d'induftrie auffi étendue qu'in-
téreffante ?

Nous avons ainfi préfenté ce

fyftême, pour le rendre plus fen-
fible ; ce n'eft pas que nous n'ad-
mettions qu'une feule & même
maxime : nous prouverons au
contraire dans le cours de cet ouvrage , combien il eft poffible
de multiplier toute efpèce de bétail , & de varier les productions,
dès que l'Agriculture jouira de
fon droit naturel.

Il nous refte à faire obferver
que le tréfle qui croît parmi
l'orge , ne porte aucun préjudice à fon produit ordinaire ;
qu'après que la terre fera pré-
parée par deux labours, on y
mettra environ ( *d* ) dix voitures

_________________________________

( *d* ) Lorfque nous confeillons de porter dix

d'engrais, chacune de trente
pieds cubes, par journal de 3 6 o
perches, qu'enſuite on le cou-
vrira par un leger labour, puis
on y ſemera la quantité d'orge
qu'on employe par journal, &
après avoir herſé, on y jettera
les dix livres de ſemence de tréfle, qui ſeront également recou-
vertes à la herſe. On ne coupe
point l'orge & le tréfle avec la
faucille, on ſe ſert de la faulx
à baguette. Lorſqu'à la ſeconde
année on diſpoſera la terre à re-

---

voitures d'engrais par journal, c'eſt que nous
ſuppoſons un mauxais terrein ; à meſure que
la terre ſera naturellement fertile, il en fau-
dra beaucoup moins ; il ſeroit même inutile
d'en porter dans les bons terreins.

cevoir du froment, il seroit contraire d'y porter des engrais, quand même le fonds seroit d'une espèce médiocre.

## CHAPITRE VI.

### DES LUSERNES.

Nous ne voyons pas que tous les Auteurs qui nous ont donné des mémoires sur la luserne, se soient beaucoup attachés à connoître ses facultés nutritives; la manière dont ils en parlent, en même temps qu'ils l'annoncent comme le premier & le plus fécond de tous les fourages, nous laisse pressentir des dangers,

& nous accable dans l'opinion
qu'il est prudent de ne la point
cultiver. La plûpart de ces Écrivains plagiaires, sans aucune expérience, se sont faits des lar-
cins, tellement que les uns ont
rapporté mots pour mots ce qu'a-
voient dit les autres ; tous ont
écrit d'un sentiment unanime,
que la luserne verte ne conve-
noit qu'aux meres nourricières,
& qu'elle étoit funeste aux mâles. Mais en considérant qu'une
plante fraiche est dangereuse,
comment accordera-t'on qu'é-
tant desséchée, elle sera mieux
privée de son principe périlleux?
est-ce que l'évaporation, qui ne

dissipe autre chose que l'élément
de l'eau , ne rend pas au contraire les sucs substantiels & mu-
queux plus rapprochés , plus certains dans leurs effets , plus capables d'accroître le volume du
chile , & de solliciter les progrès de la nutrition , d'où il ré-
sultera de l'embonpoint , plus
assurés d'absorber les fermens digestifs , & par là d'occasionner
des ventuosités , des coliques ,
des gonflemens ? Le biscuit de
mer, qui n'est point dangereux
quand il est humecté , devient
mortel lorsque l'excès de la faim
& la privation de l'eau obligent
les navigateurs à le manger sec.

Conséquemment la luserne verte n'est point un aliment redouta- ble , & l'expérience nous a fait connoître que les chevaux , soit mâles ou femelles , soit qu'ils travaillent ou qu'ils restent dans l'inaction, n'éprouvent rien de sinistre de l'effet de cette nourri- ture , en supprimant l'avoine. Nous avons seulement remarqué que les chevaux la mangent avec beaucoup d'avidité , & que ce fourage , le plus délicieux qu'on puisse leur offrir, leur devien- roit nuisible s'ils en mangeoient une trop grande quantité dans trop peu de temps. Nous avons vingt chevaux qui depuis trois

ans vivent de luferne verte pendant cinq mois de l'année; ils
ne font jamais plus gais, plus
vigoureux & moins fujets aux
maladies qu'alors même qu'on
leur donne cette nourriture. (a)

L'ufage de la luferne ne convient point aux bœufs, ni pour

---

( *a* ) Un cheval de travail peut manger 60
livres de luferne verte par jour; fçavoir,
20 livres le matin, 20 livres à midi, & 20
livres le foir, fans avoine; on lui donne 5 à
6 livres de fourages fecs des prés ordinaires
pour la nuit. Il peut également vivre, en
fupprimant l'avoine, de 20 livres de luferne
féche, & de 10 livres de foin commun. Mais
lorfqu'il eft dans l'inaction, on lui donnera
de la luferne verte le jour, & de la paille
pour la nuit, ou 15 livres de luferne féche
& 10 livres de paille. Il faut habituer infen-
fiblement les chevaux au verd de luferne, &
leur en donner très-peu les premiers jours.ou
leur faire des bottes ferrées, qu'ils ne puif-
fent manger que lentement.

les engraisser, ni pour leur servir habituellement de nourriture; ce n'est pas qu'on ne parvienne à les y accoûtumer. Mais 1°. Les bœufs qu'on destine aux boucheries, n'ont que l'apparence d'être engraissés, & trompent toujours les Bouchers qui les achetent, en ce qu'ils ont beaucoup de chair, & point de graisse. 2°. Les bœufs de travail, qui vivroient de luserne, seroient exposés à de fréquentes maladies, la propriété de cette plante étant d'opérer sur eux des effets astringeans; ce fourage en verd convient à merveille aux vaches, qui par cette nourriture fournissent abondamment le meilleur lait possible.

La luserne exige un terrein au moins de trois pieds de profondeur; elle se plait particulièrement dans les terres basses, sabloneuses & legéres, & réussit très-bien dans les terres élevées, séches & fortes, pourvû que la terre soit parfaitement ameublie & bien amendée.

La graine de cette plante coûte à Lyon 1 2 à 1 4 ˢ la livre poids de 1 4 onces, ce qui revient à 1 6 ˢ poids de marc; il en faut 2 0 livres de 1 6 onces par journal. On la seme au printemps, sans aucun mélange d'autres grains, en obſervant de la herſer à pluſieurs repriſes, afin de la mieux couvrir de terre, & d'en rendre la germination plus ſûre, ainſi que de la dérober aux pigeons, qui en ſont fort avides. On doit avoir attention de n'y lever qu'une ſeule récolte la première année, & de laiſſer périr ſur pied la ſeconde, pour donner le temps aux racines de ſe fortifier, de s'étendre d'autant plus, en pivotant dans le ſein de la terre, d'où elles reçoivent une humidité continuelle, qui fait le principe de leur fécondité. Un journal produira dès la ſeconde année quatre à cinq récoltes, qui donneront enfemble dix milliers de fourages faciles à faner, & qu'on doit toujours botteler fur place. La plûpart des prairies naturelles qui font arides & ftériles, deviendront des lufernières fécondes dès que les clôtures feront permifes.

Il eft inutile de s'étendre fur les avantages furprenans d'une plante dont la nature & la fécondité femblent promettre les plus grands fecours aux Cultivateurs qui élevent des chevaux. Ne feroit-on pas fondé d'efpérer qu'en rendant la nourriture des jeunes chevaux moins difpen-

dieufe avec un fourage aufli par-
fait, on parviendra non feulement à relever les efpèces dégénérées, mais encore à les rendre fufceptibles d'une conftitution ferme & vigoureufe, d'où
l'on obtiendroit dans la fuite des
chevaux de la plus grande valeur?

Dans la plûpart des contrées
de la Bourgogne, on n'employe
que de petits chevaux au fervice
des labourages, & les Cultivateurs difent que c'eft l'ufage
du Pays, & que le climat ne
permet pas d'en avoir de plus
grands. Sans doute que partout
où les fourages font affez rares

pour qu'on les ménage , les chevaux se nourrissent à la pâture ,
où leur entretien est d'autant
plus sûr , qu'ils sont fort petits.
Cette découverte n'a pas beaucoup fatigué nos prédécesseurs ;
mais à quoi servent ces petits
chevaux, qui ne sont propres à
d'autres services qu'à labourer
la terre dans le lieu de leur naiſsance ?

Les Communautés voisines
des grandes routes, occupées au
transport des marchandises & des
denrées , élevent à la vérité de
plus grands chevaux , malgré le
défaut des prairies & le vice du
parcours ; il arrive aussi que le

Cultivateur devenu Voiturier, les énerve dès l'âge de deux ans par des travaux & des fatigues outrés, qui les rendent chétifs & difformes; dès-lors où vendre des animaux vils & dégradés, qui ne font d'aucune valeur? De là résulte le dégoût d'en élever. La disette des chevaux, qui règne dans nos Provinces, ne peut être détruite par nul autre système que celui des prairies artificielles. En vain l'on aura recours à des haras, à des jumens étrangéres, si l'on ne dissipe auparavant la première cause du désordre: Que deviendront en effet les plus belles espèces, fi , réduites aux pâturages , les foins leur manquent dans toutes les faifons , & fi le Cultivateur a toujours en vûe de les gouverner par les régles de l'économie & de la pratique ancienne ? La facilité d'avoir abondamment des fourages à bas prix , peut feule réveiller l'attention & le courage du Cultivateur , par la vûe d'un profit certain ; les jeunes chevaux feront d'autant mieux ménagés, qu'ils rendront beaucoup au-deffus de la dépenfe de leur nourriture , & l'on ne trouvera jamais par où languit notre cultivation , fi l'on cherche ailleurs que dans l'exiftence du parcours.

Nous n'avons rien à dire de l'ufage & des propriétés du fain-foin, qui font très connues dans une Province où il eft né. Cette plante beaucoup moins féconde que les tréfles & les lufernes, a la vertu de ne profpérer que dans les terreins fecs & ftériles.

---

# CHAPITRE VII.

## Raygras ou Fromentale.

NOus avons appris par l'expérience que la fromentale, cette plante fi vantée par de certains Auteurs, étoit bien peu digne de tant d'éloges. Elle exige que les terreins foient hu-

mides & très-fertiles, sans quoi
elle dépérit dès la seconde année ; elle épuise les terres , par
la raison que l'avoine folle , le
faux froment , le faux seigle
ayant exactement la tige des a-
voines & du seigle , ils en ont
aussi les effets. Les tréfles , les
lusernes , le sainfoin sont des
plantes légumineuses , couvertes de feuilles qui entretiennent
l'humidité de la terre , & qui
semblent multiplier une quantité de vers de terre qui divisent
le sol & le fertilisent par leur
mucosité , au point que nous a-
vons remarqué que le terrein
d'une lusernière est en tout temps

x auffi mere qu'un quarré de jar-
din, qui vient d'être façonné
par la bèche.

La fromentale n'eft qu'une
plante médicamenteufe, diuré-
tique, que les chevaux détef-
tent, & qui, forcés d'en vivre
par l'excès de la faim, dépérif-
fent à vûe d'œil. Il eft vrai que
les bœufs la mangent avec beaucoup d'avidité ; mais il eft à pré-
fumer qu'un ufage conftant &
fuivi d'une plante apéritive ne
peut rien opérer de bien falubre.

On nous affure que la fromentale donne environ deux milliers de graines par journal ; &
en faifant valoir cette produc-

tion, on nous cache soigneuse-
ment que cette graine n'est propre à rien.

Si la fromentale est recueillie
lorsqu'elle approche de sa ma-
turité, c'est une paille très-con-
venable à servir de litière.

Je ne doute pas, comme l'a
fort bien remarqué, sans s'en
appercevoir, le Panégyriste de
la fromentale, que ce ne soit
un reméde plutôt qu'un aliment;
aussi ceux des Cultivateurs qui
nourrissent des bœufs & des moutons, feront bien d'en cultiver;
les alimens médicamentaux auront toujours à la longue une su-
périorité sur les remédes effec-

tifs, quand il s'agira simplement de dégoût ou de maladies chroniques. D'ailleurs il nous a paru que plusieurs chiens attaqués tous ensemble de la maladie qui règne depuis si longtemps sur ces animaux, avoient tous été garantis par la facilité qu'ils ont eue d'user d'une prairie de fromentale ou chiendent, qui se trouvoit placée près de la basse-cour.

# CHAPITRE VIII.
## Des Engrais.

DEpuis qu'on a ouvert les yeux sur l'état languissant de l'Agriculture, on n'a cessé

de nous préſenter différens ſyſtê-
mes de fertilités. Ici les Mathé-
maticiens ſe ſont épuiſés dans le
méchaniſme d'un ſçavoir qui
doit épargner la ſemence & fé-
conder le ſol. Là des Phyſiciens
ont reconnu que la terre n'a be-
ſoin que d'être parfaitement di-
viſée, pour être ſuſceptible d'un
grand rapport, & que les engrais ſeroient inutiles, ſi l'on
parvenoit à perfectionner les
charrues. D'autres ont porté leurs
vûes ſur les moyens de rendre
les charrues aſſez legéres pour
être tirées par deux bœufs, ou
deux chevaux. Quelle que ſoit
l'erreur de ces nouveaux moyens,

nous en refpectons les Auteurs ;
mais en même temps nous de-
vons prouver que leurs fuccès
euffent été contraires à la prof-
périté des différentes branches
du commerce, naturellement
réunies à l'Agriculture. Il n'eft
malheureufement que trop fré-
quent de trouver des Cultivateurs, qui par l'économie des
charrues legéres, n'ont que trop
peu de bétail, & qui n'ayant
point l'art de bien ameublir la
terre par des labours profonds,
ne font que trop appauvris par
les mauvaifes récoltes que leur
occafionne le défaut des engrais.
La néceffité d'élever des che-

vaux pour les usages militaires, &
& pour le transport des marchan-
difes & des denrées ; le befoin de
nourrir des bœufs pour le fervice
des boucheries , paroiffent au
contraire inviter les Cultivateurs
à chercher les moyens d'en nourrir davantage ; ce qui paroit
d'autant mieux lié à fa condition , que fon bétail étant plus
nombreux , fes engrais feront
plus confidérables , & fes récoltes plus abondantes ; auffi de
tous les engrais il n'en eft point
de plus efficace que celui qui tiré
des étables , & raffemblé dans
un tas , eft mis en ufage quand
la putréfaction , en ayant con-
fommé

fommé & rapproché toutes les parties, en a fait un corps homogéne ; alors il réunit plufieurs propriétés que n'ont point les autres efpèces d'engrais.

Les marnes graffes, par leur nature alkaline ou calcaire, attirent, retiennent & atténuent l'humidité, les fels & les huiles, & les rendent plus fufceptibles d'être aifément pompés par les bouches nourricières des végétaux. Les marnes féches, ou la chaux, agiffent par les mêmes principes ; mais auffi les fumiers qui renferment des alkalis plus développés, & de véritables fels, ont toutes les vertus

de la marne , & la surpassent ,
parce qu'étant en fermentation
jusqu'à ce qu'ils soient absolu-
ment détruits , ils échauffent la
terre , la disposent à favoriser la
germination & l'accroissement
des plantes ; ils agissent encore
comme divisans opposés à la réu-
nion des molécules terreux ,
autres principes de fécondité que
n'ont pas les marnes. D'ailleurs
une grande quantité de marnes , qui n'opére bien qu'autant
qu'elle est aidée par des fumiers ,
semble confirmer mon opinion :
d'où il résulte que sans avoir recours à des efforts recherchés &
pénibles , il sera toujours plus

simple, plus naturel, & peut-être plus analogue aux décrets de la Providence, d'augmenter les fourages, le bétail & les engrais.

---

# CHAPITRE IX.

## De la multiplication du bétail.

LA plûpart des Cultivateurs ne nourriſſent poſitivement que les chevaux & les bœufs qui leur ſont néceſſaires pour leurs travaux ; la rareté & la cherté des fourages les mettent dans l'impoſſibilité d'élever du jeune bétail ; ou s'ils en élevent, ce n'eſt qu'à la faveur des communaux

immenfes que poffédent quelques Villages où les efpèces lan-
guiffent , & ne donnent qu'un
vil produit , qui doit être plutôt
confidéré comme un furcroît de
miféres , que comme une fource
de richeffes. Quel efpoir même
plus incertain que le produit des
troupeaux , quand des pâturages communs négligés,& prefque
toujours infeétés de plantes dan-
gereufes & mortelles , font préci-
fément l'origine des épidémies
contagieufes , qui ne ceffent de
faire des ravages ! La communication qui règne parmi tout le bétail d'une Communauté, a bientôt rendu les maladies générales,

quand elles ne font que particu-
lières , & ce font là les plus
grandes propriétés des parcours
communs , où l'on conduit in-
diftinctement le bétail dans toutes les faifons.

Lorfque par les variations ra-
pides qu'éprouve l'atmofphére,
les grandes chaleurs font immédiatement fuccédées par des
pluies froides , c'en eft affez fans
contredit pour occafionner , tant
fur les hommes que fur les animaux, des maladies qui ne ren-
fermeront que trop fouvent des
principes de malignité & des
germes ( *a* ) de contagion ; mais

_______________

( *a* ) Le plus fûr moyen d'arrêter les pro-

on ne feroit pas fondé de préfu-
mer que toutes les maladies de
cette nature ne fe manifeftent
que lorfque dans la plus grande
raréfaction l'air eft fubitement
condenfé. Les maladies que les
plantes éprouvent elles-mêmes,
d'autres plantes d'une conftitution nuifible, enfin les alimens
& les breuvages dégradés, font
autant d'agens capables d'infef-
ter les animaux, & ces accidens
ne font nulle part auffi fréquens

---

grès d'une contagion déclarée, eft de faire
manger tous les jours, foit aux chevaux, foit
aux bœufs ou vaches, un picotin de fon ar-
rofé d'un verre de vinaigre ; & dans les Pays
éloignés des vignobles, de leur donner environ une livre de pâte de feigle ou orge, fer-
mentée jufqu'au terme de l'acidité, & dé-
trempée dans de l'eau.

que dans les pâturages communs.
S'il nous est permis d'analyser
les plantes, ou de les juger tel-
les qu'elles sont, soit après les
pluies d'une longue durée, soit
par l'effet des gelées, ou des sécheresses, il ne me sera pas difficile de démontrer combien l'a-
gronome est exposé aux dangers
de perdre son bétail, dès que
l'insuffisance des foins le con-
traint d'avoir recours aux pâturages pendant l'intempérie des
saisons.

Après les pluies de longue durée, les tiges des plantes prodi-
gieusement imbibées, fourniront
une nourriture froide, pesante,

dépouillée de cet acide, qui fer-
vant à renouveller les fermens
digestifs, ne cesse de s'unir aux
sels de putréfaction, d'où nait
le sel ammoniacal si nécessaire à
la vie; dès lors que cet acide
manque, l'harmonie de la ma-
chine est interrompue, & le chile
bientôt n'est plus qu'un liquide
vicié, qui porte dans toute la
masse le désordre caractérisé par
maladies putrides.

Par l'effet des gelées, la séve
répercutée, figée, laisse les tiges sans vigueur & sans vie ; elles
éprouvent alors la fermentation
acide, bientôt après la fermentation putride, & n'offrent plus

au bétail qu'un aliment dont les
fuites feront les mêmes que celui
des plantes élevées & nourries
par les pluies.

Pendant les grandes fécheref-
fes, les plantes plus nutritives &
dénuées de l'élément liquide, ne
contiennent que des principes
d'ardeur & d'inflammation,
des huiles & des fels; les animaux expofés à la chaleur du foleil, fubiffent en même temps
une déperdition de la lymphe
par une tranfpiration outrée; le
fang fe defféche, s'épaiffit, s'en-
flamme. De là les langueurs,
l'affection des poumons, le pri-
fement de fang, la maigreur,
D v

la gangrène, la peste & la mort.

Nous ne prétendons point insinuer par ces démonstrations, que la suppression entière des pâturages seroit favorable à la conservation du bétail ; mais nous cherchons à faire connoître que les Cultivateurs pourvus de fourages, éviteroient d'envoyer paître leurs troupeaux, soit pendant ou immédiatement après les pluies de longue durée, soit après les gelées, soit aux ardeurs du soleil ; que pendant les chaleurs brûlantes des jours d'été, il conviendroit de tenir le bétail renfermé dans les étables, & de le conduire la nuit dans les pâ-

tures ; que cet ufage , conforme
à la vie des bêtes fauves , eft
peut-être le feul qui convienne
à ces animaux , quoique deve-
nus domeftiques. Mais cette
pratique ne peut avoir lieu qu'à
la faveur des clôtures , tant pour
mettre le bétail à couvert des
animaux voraces , que pour
l'empêcher de s'égarer dans les
ombres de la nuit.

Qu'on ne croye pas que
les chevaux qui n'auront à vivre que dans les pâtures des jachéres & des prés communaux ,
foient jamais d'une conftitution
parfaite : les jarrets courbés ,
les épaules refferrées , les têtes

chargées & pesantes, sont toujours les effets de la posture
forcée où se trouve un cheval
continuellement occupé des soins
de rechercher sur le sol des alimens rares, qui ne remplissent
qu'infructueusement les besoins
de la vie.

Ce n'est que par la ressource
des trefles & des lusernes, qu'a-
près avoir égayé les jeunes chevaux dans les pâtures pendant
la nuit, qu'il sera possible de
leur donner, à peu de frais, le
verd dans les écuries pendant le
jour, & de les soustraire à la
difformité, ainsi qu'à la constitution débile qu'ils contractent

par le feul aliment des pâturages. En effet, la falubrité de ces
fourages , qui ne font garnis que
d'une feule & même plante , les
abondantes récoltes qu'ils fourniffent , la fertilité qu'ils donnent à la terre , tout paroit ex-
citer les Cultivateurs à fuivre
généralement cette culture.

Nous avons dit précédem-
ment que la graine de trefle n'é-
toit pas difpendieufe , il fuffit
d'ailleurs d'en faire achat une
fois pour toujours , puifqu'on
fera libre de s'en conferver de
fon cru : Si donc les Cultivateurs,
au lieu de laiffer repofer inutilement le tiers de leurs terres ,

prennent le parti d'avoir des prairies de trefles & de luſerne ( *a* ), ils ne tarderont pas de ſe convaincre combien il eſt facile de tripler leur bétail. Je ſoutiens qu'à tel prix le plus élevé que ſoient aujourd'hui des terres labourables , jamais les fourages

---

( *a* ) On ne pourroit établir des prairies de luſerne dans les jachéres, pour être détruites dès la ſeconde année ; les frais de culture ſont chers , le produit de la première année eſt d'un foible rapport ; cette plante ne ſouffre pas d'être ſemée avec aucune eſpèce de grains , & d'ailleurs elle donne des produits ſi conſidérables pendant neuf à dix ans, que ce ſeroit une perte très-conſidérable de la labourer dès la ſeconde année pour ſemer du froment ; je ne crois pas même qu'il ſeroit poſſible de la labourer & de détruire les racines , de manière que la terre ameublie ſoit propre à recevoir des ſemences dans la même année ; cette eſpèce de culture ne convient qu'aux trefles.

artificiels ne coûteront plus de
quatre livres le millier, dessé-
ché, fané, bottelé & mis en
place. Si l'on compare la culture actuelle avec celle que nous
suppofons, on reconnoîtra que
l'infuffifance des prairies naturelles a porté la valeur des fourages au point qu'il n'eft aucun
fermier qui pût efpérer que dans
les années les plus fécondes, les
foins fecs lui coûteront moins
de douze livres le millier ; que
dans les années ftériles, le défaut des fourages ne le forcera
pas de vendre une partie de
fon bétail ; que dans les années
pluvieufes les foins rouillés &

fermentés ( a ) ne dévafteront pas fes écuries , & qu'enfin en admettant les fourages à 1 2 ₶ le millier , il ne peut élever qu'à perte du jeune bétail.

Un jeune bœuf confommera dans fon premier hyver un millier de fourage à　　12 ₶

Pendant le cours du fe-cond hyver 2500 livres, à 12 ₶ .　.　. 30

Pendant le cours du troifième , 3500 , à 12 ₶ .　.　.　. 42

————————

84

————————

- - - - - - - - - -

( a ) Il femble que dans les années plu-vieufes les trefles & les lufernes, expofés

Le plus souvent ce même bœuf qui aura coûté 84 ℔, ne sera vendu que 72 , & quelquefois beaucoup moins, tandis qu'un autre bœuf nourri de fourage artificiel, ne coûteroit que 28 ℔ pour les trois années , & seroit sûrement d'un plus haut prix par sa grosseur & son embonpoint

---

aux inondations, seroient aussi bien rouillés que l'herbe des prés naturels, rien n'est si sûr ; mais il n'est pas possible que les trois récoltes que donnent les trefles, & que les quatre récoltes que donnent les lusernes, éprouvent le même sort ; & s'il s'en trouve une d'altérée par cet événement, les trois autres dédommageront le Cultivateur. On a vu des lusernes après avoir été exposées pendant huit jours à la pluie, être encore très-saines & très-agréables au bétail.

que celui qui auroit vécu de fourage naturel.

On ne se persuadera jamais qu'en semant sur des terreins élevés, vingt journaux de trefles & d'orge, on auroit la facilité, en les divisant par clos de quatre journaux, d'y nourrir deux cens moutons de la plus belle espèce, dès le printemps de l'année suivante jusqu'au 15 juillet de la même année ; qu'à cette époque on auroit le temps de préparer la terre à recevoir du froment, & que la production de ces vingt journaux offriroit de quoi surprendre les plus habiles Cultivateurs. Depuis le 15 juil-

let on tranfporteroit le troupeau
dans vingt autres journaux après
la récolte du trefle & de l'orge
qu'on y auroit femés la même année ; pendant le cours de l'hiver les pailles de légumes leur
ferviroient de nourriture ; c'eft
celle qui leur convient le mieux.

En fuppofant un Cultivateur
chargé de l'exploitation de trois
cens journaux de terres , &
quatre-vingt journaux de prés
naturels , dont les plus fecs &
les moins féconds , feroient mis
en lufernière , nous eftimerons
fes récoltes à cinq cens milliers
de fourages , puis, en fuivant
l'ufage de femer chaque année

vingt journaux de trefle & d'orge pour des moutons, & vingt autres journaux pour des fourages, il auroit encore environ deux cens milliers de paille de cette espèce ; les pailles qui proviennent des champs amendés par les fumiers, & continuellement cultivés, sont plus tendres, plus douces & plus agréables au bétail que celles qui sortent de la méthode des jachéres & des champs fertilisés par la marne. Conséquemment le même Cultivateur auroit encore environ deux cens cinquante milliers de paille de froment à faire manger à son bétail, ce feroit en tout neuf cens cinquante milliers de fourage, dont le produit ne varieroit prefque jamais, & qui feroit fuffifant pour nourrir quarante jumens, deux haras & tous les poulains qui en naîtroient jufqu'à l'âge de trois ans, que nous eftimons au nombre de cent.

Il découle de tout ce qui vient d'être dit touchant cette culture, qu'un pareil fermier pourroit nourrir,

| | |
|---|---|
| 40 jumens, | 200 moutons, |
| 2 haras, | 50 cochons, |
| 100 poulains, | 12 vaches. |

404 piéces de bétail en tout,

nombre exceſſif en raiſon de ce qu'il eſt aujourd'hui.

Il s'en faut bien que le calcul de M Patullo approche de la vraiſemblance ; jamais le territoire de France , quelque bien cultivé qu'il fût , ne nourriroit deux cens quatre millions de piéces de bétail gros & menu, à moins que d'établir des prairies au préjudice des grains. Nous connoiſſons une Communauté qui poſſéde huit cens journaux de terres labourables , & cent vingt journaux de prés ſans pâturages communaux , où l'on ne trouveroit pas deux cens cinquante piéces de bétail. Si con-

féquemment il eſt ſoixante millions de journaux, tant prés
que terres labourables, dans le
Royaume, il ne doit y avoir
à préſent qu'environ quinze
à dix-huit millions de piéces de
bétail ; & par la meilleure
culture il pourroit y en avoir
au-delà de ſoixante millions.

---

## CHAPITRE X.

*Culture ſoumiſe au parcours.*

EN fixant toujours nos
exemples ſur un Cultiva-
teur qui ſeroit chargé d'une
ferme compoſée de trois cens

journaux de terres , & de quatre-vingt journaux de prairies
naturelles , examinons sa ma-
rotte , voyons ses travaux , &
considérons sous le poids des
réglemens qui le dirigent , quels
feront ses succès , le tout étant
gouverné relativement à l'ancienne culture.

Un des grands points de la
vieille économie rurale est de
labourer beaucoup de terreins
avec peu de bétail , dans la vûe
de ménager les fourages ; ainsi
seize bœufs & quatre vaches seront estimés suffisans pour l'exploitation de trois cens journaux
de terres. La loi du parcours pres-
crit

crit que cent journaux feront
femés en froment, cent journaux
en méteil, & que les cent autres
journaux refteront incultes.

Les cent journaux de fro-
ment donneront un produit de
cent cinquante milliers de paille
& de deux mille cinq cens mefures de grains, du poids de vingt-
huit à trente livres.

Les cent journaux de méteil,
feigle ou orge, donneront environ cent milliers de paille,
& deux mille mefures de grains
du même poids.

Les quatre-vingt arpens de prairies naturelles rendront environ
deux cens milliers de fourage.

E

## Calcul du produit.

2500 mesures de fro-
ment, à 40 ſ . . . . . 5000 ₶.
2000 mesures de mé-
teil , seigle ou orge , à
30 ſ. . . . . . . . 3000
100 milliers de fourage,
à 14 liv. . . . . . . 1400

9400 ₶.

## Calcul de la dépense.

Prix du fermage , Im-
positions , . . . . . 4500 ₶.
500 mesures de bled pour
semence , à 40 ſ . . . 1000
500 mesures de méteil ,
seigle ou orge , à 30 ſ . 750
Six domestiques , à
150 ₶ par an , . . . 900
Frais de moisson , . . 400
Charron, Bourrelier, en-
tretien & ferrement des
voitures , perte du bé-
tail , frais extraordi-

7550 ₶.

*Ci - contre* . . . 7550 ⧺
naires imprévus . . . . 1000
Intérêts de 6000 ⧺
pour les avances au 4
pour 100 . . . . . . 260

8810 ⧺

Il reste conféquem-
ment au fermier de bé-
néfice net . . . . . . 590 ⧺ par an.

Nous eftimons par ce cal-
cul que les cent milliers de
fourages , & les deux cens cinquante milliers de paille qui
reftent au Cultivateur, doivent
être employés à la nourriture de
fon bétail, dont il obtiendra environ quatre à cinq cens voitures
de fumier chacune de trente
pieds cubes. Il ne fera pas difficile
de perfuader qu'avec auffi peu

E ij

d'engrais on ne doit pas s'attendre à de meilleures récoltes que
celles que nous fuppofons , &
qu'au moindre événement contraire au fuccès des grains, jamais un pareil fermier ne fou-
tiendra la perte , puifque les
années les plus fécondes, loin de
l'avoir dédommagé , lui auront
à peine fourni fa fubfiftance.

## CHAPITRE XI.

### Nouvelle culture.

NOus ne perdons point de
vûe qu'il n'eft point de
vrai fyftême de fertilité que celui de la multiplication des bef-

tiaux; que tout autre moyen ne rempliroit qu'imparfaitement les obligations du Cultivateur, qui lui seul doit être le créateur & l'artisan des premières matières que la main de l'industrie affine dans les manufactures; qui lui seul doit tirer la mine du sein de la terre, & être le premier moteur de la circulation des richesses. Nous n'envisageons plus l'économie des fourages comme un produit réel, & nous allons prouver au contraire, que la plus grosse dépense en ce genre est le signe du plus grand revenu; ainsi loin de vouloir exploiter trois cens journaux de terres avec cinq charrues, nous en exigeons dix, chacune de quatre jumens, ce qui forme en tout quarante jumens & deux haras. On sent bien que par une marche aussi rapide, nous nous croyons affranchis de la servitude du parcours & maîtres absolus de notre terrein fermé par des clôtures. Dès-lors, loin de nous borner à ces quarante-deux piéces de bétail, nous entendons nourrir, jusqu'à l'âge de trois ans, tous les poulains qui en proviendront, & même encore deux cens moutons, ainsi que cinquante cochons.

L'expérience que nous avons,

tant de l'ancienne culture que
de celle que nous expofons, nous
a fait connoître que nos terres
mieux cultivées & mieux amen-
dées que par l'ancienne maxime, nous rendroient les productions fuivantes.

Les cent journaux de terre
femés en froment, fourniroient
trois cens milliers de paille,
& quatre mille cinq cens mefures de grains de vingt-huit à
trente livres.

Trente journaux, après la récolte du froment, feront femés
en bled noir, & rendront fix
cens mefures de grains.

Dix journaux de la même
E iv

division semés en raves, donneront environ quatre cens mesures.

Soixante journaux de la seconde division semés en méteil,
fourniront environ cent cinquante milliers de paille, &
deux mille quatre cens mesures
de grains.

Quarante journaux de cette
même division semés de tréfle
& d'orge, produiront plus de
cent milliers d'un mélange de
paille & de tréfle, & environ
deux mille mesures de grains.

Vingt journaux de tréfle ser-
viront, après la récolte, de pâturage aux moutons ; & les vingt
autres journaux donneront dans

la même année vingt milliers
de tréfle pur.

Il se trouvera dans la troisième division quarante journaux
semés de l'année précédente de
tréfle & d'orge, dont vingt ser-
viront de pâturages aux moutons, & les vingt autres journaux rendront, jusqu'au 15 juillet de la même année, deux
récoltes de tréfle pur, que nous
estimons à quatre-vingt milliers
de fourage. Les soixante journaux restans de la même division, seront semés en ( *a* ) lé-

______________

( *a* ) Lorsque les champs sont bien amendés, on peut semer avec succès des chanvres
& des lins ; la quantité de toiles que nous
tirons de l'Etranger, tant pour la consom-

E v

gumes ; sçavoir, trente journaux en féves, cinq en pois, cinq en lentilles, & vingt en vesces.

Les trente journaux de féves produiront plus de douze cens mesures.

Les dix journaux de pois & lentilles, environ trois cens mesures.

Nous laisserons en prés naturels environ quarante journaux de ceux qui, bas & humides, portent regains, & nous en destinerons dix journaux divisés par clos, chacun d'un journal, pour

_______

mation du Royaume que pour les embarquemens, promet un débit assuré de cette production : ainsi l'on n'est pas tenu de s'assujétir à ne semer que des légumes.

parquer les jumens ( *a* ) & les poulains ; les trente journaux qui nous resteront , donneront environ cent milliers de fourage.

Quarante journaux des prés naturels les plus secs, seront mis en lusernière , & rendront dès la seconde année environ quatre cens milliers de fourage.

*Calcul du produit.*

4500 mesures de fro-
ment, à 40 ˢ , . . . . . . 9000 ₶.
2400 mesures de mé-
teil , à 30 ˢ , . . . . . 3600
                              _______
                           12600 ₶.

( *a* ) Depuis le premier de mai le pâturage d'un journal de pré suffira pour nourrir quarante jumens pendant deux jours ; & en les faisant paître successivement de clos en clos, ils ne reviendront au premier clos que dans l'espace de dix jours, ce qui donneroit le temps aux herbes de croître.

E vj

*D'autre part* . . 12600 ₶

2000 mesures d'orge,
à 20 ˢ . . . . . . . 2000

1500 mesures de féves
& pois , à 30 ˢ . . . . 2250

50 moutons par an
de deux cens , à 6 ₶ . . . 300

600 liv. de laine, à
20 ˢ . . . . . . . . . 600

50 cochons , à 30 ₶ , 1500

Les poulains ne seroient vendus qu'à l'âge de trois ans. Nous croyons que des quarante jumens il y en auroit toujours trente qui porteroient , ce seroient trente poulains à vendre dès la troisiéme année , mais nous n'en supposons que vingt à 250 ₶ . . . . 5000

24250 ₶.

Le sarrasin & les raves doivent servir en partie à la nourriture des domestiques ; nous ne les comprenons point en valeur de produit , puisqu'ils sont aussi employés à l'entretien des bestiaux , ainsi que les pailles & les fourages.

300 milliers paille de froment.  
150 milliers paille de méteil.  
60 milliers paille de féves.  
20 milliers paille de pois & lentilles.  
10 milliers paille de vefces.  
540 mill. de paille.

---

180 milliers de fourag. trèfle & paille d'orge.  
110 milliers de trèfle pur.  
400 milliers de luferne.  
100 milliers de foin commun.  
30 milliers fourage de vefces.  
720 milliers de foin.

---

600 mefures de farrafin.  
130 mefures de vefces.  
400 mefures de raves.

Nous avons vu par l'ancienne culture que le fermier n'obtient de fes récoltes que deux cens cinquante milliers de paille, & cent milliers de fourages ; mais par notre culture nous avons à faire confommer à notre bétail cinq cens quarante milliers de paille, & plus de fept cens milliers de foin, qui produiroient quinze cens voitures de fumier chacune de trente pieds cubes.

## *Calcul de la dépense.*

| | |
|---|---:|
| Prix du fourage, Impositions . . . . . . . | 4500 ₶. |
| 500 mesures de bled pour semence, à 40 ˢ , . | 1000 |
| 300 mesures de méteil, à 30 ˢ. . . . . . . | 450 |
| 200 mesures d'orge, à 20 ˢ. . . . . . . . | 200 |
| 240 mesures de légimes, à 30 ˢ. . . . . | 360 |
| 400 livres graine de tréfle, à 10 ˢ. . . . . | 200 |
| En domestiques, à 150 ₶ par an, . . . | 3600 |
| Frais de moutons, . . | 500 |
| Chariots, Bourreliers, entretien, ferrement des voitures, Maréchal & frais imprévus, pertes, . | 3000 |
| 600 mesures d'orge moulues à faire manger aux chevaux, à 20 ˢ, . . | 600 |
| | 14410 ₶ |

Ci - contre . . . . 14410 ₶.

Quatre cens mesures
d'orge & de féves pour
les cochons, . . . . . 500

14910 ₶.

Intéréts de 40000 ₶.
d'avance au 4 pour 100, . 1600

16510 ₶.

Le sarrasin moulu & les raves
conviennent aux jeunes chevaux
de même qu'aux meres.

Il résul e donc que le
produit d'une pareille
culture, dans le cours de
neuf années, seroit de . . 218250 ₶
& que le produit de l'an-
cienne culture ne seroit
que de . . . . . . 84600

Différence des deux
produits . . . . . . 133650

On voit, en comparant ces

deux cultures, que la population & les richesses seroient tri-
plées par la nouvelle méthode,
puisque l'une n'exige que six
domestiques, & qu'il en faut
vingt-quatre à l'autre; & que
celle-ci produiroit dans le cours
de neuf années cent trente-trois
mille six cens cinquante livres
de plus que l'ancienne.

L'état de la dépense est éva-
lué fort haut , & celui de la re-
cette est bien au-dessous de ce
que rendroient trois cens journaux de terrein le plus ingrat
qui seroit amendé; de mille
cinq cens voitures de fumier
tous les trois ans , au lieu de

quatre à cinq cens voitures, fuivant la première méthode.

Les légumes & les tréfles
ayant la propriété d'étouffer &
détruire les herbes étrangéres,
donnent encore à la terre une
fertilité peu connue; les moutons parqués dans les vingt journaux, les rendroient fufceptibles
d'un profit incroyable. Qu'on
ne foit plus étonné que des fer-
miers d'Angleterre ayent des
profits de trois ou quatre cens
mille frans dans un bail de neuf
années, fur une ferme de l'é-
tendue de celle que nous fuppofons; l'efpèce de leurs moutons, chacun de la valeur de

quarante à cinquante livres, donne environ douze à quinze livres de laine par an, du prix de 30 $^s$ la livre. Leurs chevaux, dont quelques-uns se sont vendus 24000 $^{tt}$, & dont le plus grand nombre est au moins du prix de 5 à 600 $^{tt}$, forment un objet pour les Cultivateurs d'un gain considérable.

Par la culture que nous annonçons, il paroîtra surprenant que nous puissions employer quinze voitures de fumier par journal, l'expérience ayant fait connoître plusieurs fois que cette quantité d'engrais répandue immédiatement avant la semence,

multiplioit les herbes étrangéres,
& forçoit l'accroiſſement des
tiges du froment au point que ,
verſées par la moindre ſecouſſe
des orages , la charge des eaux
de pluye les maintenoit dans
cet état , & les faiſoit périr
dans l'humidité , ſans laiſſer au
Cultivateur aucune eſpérance
d'y trouver du grain ; c'eſt en
raiſon de cet événemenr remar-
quable , qu'on a généralement
adopté la maxime de ne porter
que ſix à ſept voitures de fumier
par chaque journal de terre ,
& que la plûpart des Agro-
nomes ont préſumé que l'art
de la cultivation avoit des bornes

insurmontables. Nous n'employons les quinze voitures d'engrais qu'immédiatement avant la femaille des légumes, ou celle de l'orge ou du tréfle; les légumes, le tréfle & l'orge ne font point altérés par une masse d'engrais excessive; & lorsqu'après ces récoltes la terre est ouverte par la charrue, elle se trouve mélangée de la division des fumiers, plus exactement remplie de ses sucs, & dans un ordre plus convenable pour faciliter l'extension des racines, & communiquer au froment les élémens prospéres de nutrition.

Les terres naturellement fer-
tiles , qui fourniffent toutes les
années des récoltes , ne feront
parfaitement fructueufes & d'un
grand rapport, qu'autant que la
culture des grains fera périodiquement entrecoupée par celle
des fourages & des légumes.
En appliquant cette méthode
aux terres les plus ftériles , fou-
tenues par des engrais , on reconnoîtra que l'erreur du droit
de parcours & des jachéres eft
fi frappante , qu'elle n'auroit jamais dû fe trouver appuyée du
fceau de la légiflation.

La deftruction des arbres anciens étant générale dans tout

le Royaume, il ne reste aucune ressource pour suffire aux
constructions. Il est certain que
par le moyen des clôtures, les
lisières de trois cens journaux
de terre serviroient à placer
cinq à six mille peupliers d'I-
talie ; & beaucoup plus, si cette
étendue de terrein étoit divisée
par des enclos de quatre à cinq
journaux. Les peupliers d'Italie,
dont les branches sont pyrami-
dales, ne portent aucun om-
brage à la terre, n'interceptent
point les effets du soleil, ni ne
retardent les succès de la végé-
ration des plantes qui se trouvent à leur voisinage. On nous

s affure que des arbres de cette
n efpèce, qui fe trouvent le long
du canal de Briare, fe font
élevés dans douze à quinze ans
de quatre-vingt pieds de hau-
teur, fur huit à neuf pieds de
circonférence ; que le bois en
eft dur, folide, également convenable pour planches, folives,
poutres & bois de charpente;
& que, fans nuire à leur accroif-
fement on peut les élaguer dans
toutes les faifons. Les pepinières
des Provinces en font déja remplies ; mais où les placer fûre-
ment, à moins que défendus par
des clôtures, ils ne foient à l'abri
des frottemens du bétail, & de

la main deſtructive du Peuple.

La Garance, cette racine précieuſe, qui fait la baſe des teintures durables, arrachée de notre ſol par des loix que dicta l'avarice, cachée dans les ténébres des ſiécles derniers, eſt encore proſcrite par le droit de parcours. Nous avons des provins pour en peupler pluſieurs journaux ; & la défenſe de fermer les héritages, nous empêche de les cultiver. Suivant les Mémoires de Berne, un journal de Garance occupe autant de bras que cinq journaux de vignes, & produit un revenu de quarante louis d'or. Il eſt queſtion

dans

dans les différens terreins de la Province, de rencontrer celui qui donnera la Garance la plus belle & la plus forte en teinture, & l'on ne peut rien éprouver qu'à la faveur des enclos. La consommation prodigieuse qui s'en fait dans nos manufactures, & que l'on tire à grand frais des Royaumes voisins, enchérit nos étoffes, & nous rend d'autant plus inhabiles à soutenir la concurrence de l'étranger dans le commerce de l'intérieur & d'exportation ; tout paroît inviter le gouvernement à favoriser cette culture.

F.

# RESULTAT.

ESt-il rien d'aussi borné que l'Agriculture où le droit de parcours existe ? Quel est le Cultivateur courageux qui peut faire agir ses talens, lorsque les Loix ayant fixé ses travaux, lui défendent de tenter d'autres essais ? Quel effet de découragement quand des champs ouverts facilitent le brigandage & les rapines, & semblent permettre aux fainéans des campagnes de s'approprier, pour la nourriture de leur bétail, les récoltes du Laboureur ?

Nous sommes convaincus

qu'une partie de la Breſſe où
les champs ſont fermés , fournit
avec un mauvais ſol , plus de
bétail & de grains au commerce
que ſix territoires auſſi vaſtes
ſoumis au parcours. Nous ſommes
informés qu'une Nation ne doit
ſes richeſſes & ſa proſpérité
qu'aux grands ſuccès d'une cultivation libre , dépendante uniquement de la volonté des propriétaires,& nous ſouffrons qu'un
droit né dans les ſiécles barbares,
nous captive dans l'impuiſſance
d'uſer de la force , du courage
& de la ſagacité qu'exige le plus
utile & le plus précieux de tous
les arts.

F ij

On a cru longtemps que le fyftême des manufactures étoit la découverte de la puiffance & des richeffes; mais telle Ville à préfent qui n'a d'opulence que par fes fabriques, éprouvera tôt ou tard les révolutions du commerce, & ne fera dans la fuite qu'un amas de débris entaffés; tandis que celle qui poffléde un territoire & renferme des Sujets agricoles, ne périra que par l'anéantiffement du globe. Comme l'Agriculture a été la mere de tous les arts, elle fera éternellement le principe & l'appui de leur ftabilité, & l'élevation des manufactures sera mesurée sur ses progrès.

Les jachéres sont une suite naturelle du parcours ; ces deux objets inséparables furent unis l'un par l'autre : car comme le parcours est directement opposé à la multiplication du bétail, la terre ne recevant pas des engrais suffisans, d'abord épuisée par une ou deux récoltes, a besoin d'être réparée par le repos.

L'insuffisance & les productions foibles & douteuses des prairies naturelles ferment toutes les voies d'améliorations ; il est vrai que quelques Auteurs ont décrié les prés artificiels, &

qu'à s'en rapporter à ce que l'esprit de contradiction leur a inspiré, nous serions réduits à n'être toujours que des Cultivateurs malheureux; mais nous croyons que ces Écrivains sans expérience, n'ont apperçu que du fond de leur cabinet, que le territoire de France n'étoit pas susceptible d'une meilleure culture, ainsi que d'autres Écrivains, par un violent contraste, ont d'un trait de plume fertilisé la Cayenne. Il ne coûte rien à des langues éloquentes de traiter avec assurance de tous les arts; un coup d'œil pénétrant jetté au hasard sur la surface de la théo-

rie , croit découvrir tous les ref-
forts de la pratique , tandis que
l'ouvrier habile pourvû des lu-
mières de l'intelligence , & for-
tifié par des épreuves , s'eft con-
fumé pendant des fiécles à rechercher la perfection d'un art
qui n'eft jamais perfectionné. Il
n'appartient qu'à un très - petit
nombre d'hommes de calculer
les enchaînemens phyfiques , &
d'en preffentir les effets ; trop
incapables d'occuper un rang
dans cette claffe , nous avons
ftatué fur ce que l'expérience
nous a confirmé : ainfi les trefles,
les lufernes & la manière d'en
nourrir le bétail , font tels que

F iv

nous les annonçons. L'ancienne culture comparée avec la nouvelle est le fidéle résultat que nous avons apperçu de l'une & l'autre maxime , & nos expériences nous ont paru d'autant plus susceptibles d'être universellement suivies , que les bons terreins , les médiocres & les plus ingrats traités de la même façon, ont eu les mêmes succès.

La Chambre Souveraine de Metz vient d'enrégister avec empressement un Édit du Roi qui permet les clôtures ; il paroit que la Province de Franche-Comté n'a pas moins de desir d'y souscrire. Comment la Province du Duché croiroit-elle que la réformation ( *a* ) de cet abus ne lui feroit pas avantageuse ? Si tous les champs fe trouvoient fermés au moment qu'on auroit prononcé l'Arrêt , cette révolution fubite pourroit caufer des inquiétudes aux familles de Manœuvres ; mais la grande divifion des héritages qu'on ne peut réunir que par

---

( *a* ) Le mauvais état où fe trouvent les routes de Villages à Villages , & celles qui partagent les territoires pour faciliter l'enlevement des récoltes , exige qu'il foit ordonné enfuite de la fuppreffion du parcours , que tous propriétaires ayant des héritages aboutiffans fur lefdites routes , foient tenus de placer les haies de clôtures de manière que lefd. routes ayent feize pieds de largeur , fans y comprendre des foffés de trois pieds.

F v

des échanges , & qu'autant
qu'ils seroient contrôlés *gratis* ;
la dépense des fossés ou des haies ,
l'entêtement des anciens Cultivateurs & la puissance des pré-
jugés ne souffriront pas que les
clôtures deviennent générales
qu'après plus de trente années.

Si cependant malgré tout ce
que nous avons dit , il restoit
encore des doutes , qu'il nous
soit permis d'être libre & d'en-
clôre , soit par des fossés , soit
par des haies vives ou séches ,
environ trois cens journaux de
terres , & quatre-vingt journaux
de prés , autant que chaque
piéce n'aura pas moins de deux

journaux d'étendue , nous nous chargerons de rendre un compte exact à Noſſeigneurs toutes les années, tant de la ſupériorité de cette culture ſur l'ancienne , que des différens progrès de plantation de peupliers dans les haies, de manière que les Chefs du gouvernement inſtruits de ce qu'on doit attendre d'un terrein forcé par toutes les voies de l'induſtrie , ſçachent juſqu'à quel terme de proſpérité peut s'élever l'Agriculture.

## *Abus de l'ancienne culture.*

Nous répéterons qu'à moins d'augmenter les prairies , l'in-

suffisance des fourages rendra
toujours l'état de Cultivateur
languissant. Il n'est aucun climat dans la France dont les
terres ne conviennent , soit au
trefle , soit aux lusernes, soit
au sain-foin ; mais c'est pré-
cisément le syftême des prairies artificielles , qui toujours
combattu , est envisagé dans
tous les points de vûe comme
une innovation pernicieufe. On
a dit que ces plantes étoient
morbiféres , contagieufes , &
cette imputation est puiffam-
ment renverfée. On ajoûte
qu'en multipliant les prairies
artificielles , il y aura d'autant

moins de terres enſemencées de grains, ce qui les rendra plus rares, plus chers. Raiſonnement ſéduiſant dont nous allons démontrer l'erreur.

Défricher d'immenſes terreins, embraſſer une grande culture avec peu de bétail; voilà quelle eſt la méthode dominante & ruineuſe qui prévaut aujourd'hui. Mais comment feroit-elle fructueuſe, puiſque les prairies étant toujours les mêmes, la maſſe des fourages n'eſt point augmentée, le nombre du bétail ne s'eſt point accru, & les nouvelles terres défrichées n'ont pu recevoir des engrais qu'au préjudice des anciennes ?

Le plus célébre Cultivateur est celui qui laboure beaucoup de terreins avec peu de bétail ; aussi toute la gente agronome bornée dans ses vûes, timide dans ses recherches, inhabile dans ses calculs, avide de faire une grande exploitation, ne s'est point encore apperçue que son état loin d'être lucratif dans aucune position, est au contraire d'autant plus ruineux, que ses travaux sont forcés & plus étendus. Calculons les dépenses de cette condition malheureuse, elles excédent les revenus.

## Dépense.

| | | |
|---|---|---|
| 4 coups de charrue par journal, à 3 # | 12 #. | |
| 3 mesures de bled pour semence, à 40 s | 10 | |
| 6 voitures de fumier, à 3 # . . | 18 | |
| Prix du fermage, Impositions . . | 10 | |
| Frais de récolte & de grange . . | 6 | |

56 #.

## Produit.

| | |
|---|---|
| 24 mesures de bled à 2 # . . . | 48 # |
| Un millier & demi de paille, à 4 # . | 6 |

54 #

Tel Cultivateur qui estime que l'art de cultiver beaucoup de terres avec peu de bétail est encore le moins onéreux, nous le citons à l'épreuve ; de trois journaux de terre qui se touchent où le sol est le même, qu'il en cultive deux suivant sa maxime,

sa dépense sera de 112 <sup>tt</sup>, &
son produit de 108 <sup>tt</sup> pour
quarante-huit mesures de bled,
& trois millers de paille.

Le journal que nous cultiverons
aura été couvert en janvier de 12 voi-
tures de fumier, à 3 <sup>tt</sup> . . . . . 36 <sup>tt</sup>.
  4 coups de charrue, à 3 <sup>tt</sup> . . 12
  Impositions, fermage . . . . 10
  5 mesures de semences à 40 <sup>s</sup> . 10
  Frais de récolte & grange . . . 8

—————————————
             76 <sup>tt</sup>.
—————————————

Nous obtiendrons une récolte
de légumes au lieu de laisser
reposer inutilement la terre, &
nous ne daignons pas l'estimer
parce que nous fondons uniquement notre comparaison sur
le produit d'une récolte de
deux journaux de terre, avec

le produit d'un seul journal , qui
fera de 40 mesures de bled , à
40 $^s$ . . . . . . 80 $^{tt}$.
2500 de paille , à 4 $^{tt}$ 10
                                    ————
                                    90 $^{tt}$
                                    ————

Ici le bénéfice est de 14 $^{tt}$
par journal , & le produit en
bled équivaut à celui de deux
journaux ; d'où il résulte que
la richesse des grains seroit la
même , quand on laisseroit les
deux tiers des terres en friche ,
que conséquemment la moitié ,
le tiers , le quart ou un hui-
tième des terres mis en prairies
artificielles , loin de diminuer
le produit des grains , ne pour-

roit au contraire que l'accroître confidérablement; que l'erreur de cultiver beaucoup de terreins avec peu de bétail eft manifefte , & qu'il fera en tout temps démontré qu'un journal de terre autant amendé que deux journaux , produira autant de grains que les deux journaux , & laiffera du profit au Cultivateur , au lieu que la première méthode eft ruineufe. Tous les genres de culture peuvent s'élever au même dégré de perfection. Qu'on mette autant de façon pour un journal de vigne que pour deux , la récolte d'un journal fera plus lucrative &

auſſi abondante que celle des deux journaux.

Les prairies artificielles loin d'être nuiſibles au produit des grains , comme on l'a préten‑ du , ſemblent annoncer au con‑ traire la plus grande proſpérité , ſur-tout ſi plutôt que de laiſſer repoſer inutilement la terre , on deſtine l'année des jachéres à porter des tréfles ; mais ces pro‑ grès ſont encore loin de nous , il faut , avant que d'y parve‑ nir , que l'Agriculture jouiſſe d'une pleine liberté , que le Cul‑ tivateur ſoit maître abſolu de ſon terrein , que les clôtures ſoient permiſes , & que les ſuc‑

cès de la nouvelle culture se foient montrés d'une manière convaincante aux yeux d'un Peuple élevé dans d'autres principes. Lorsqu'on a parlé de clôture, on a cru que dans un instant tous les héritages feroient fermés, & que les Manœuvres des campagnes périroient fans ressource, tandis qu'au contraire la nouvelle culture exige une population plus nombreuse, une augmentation dans les édifices, tant pour loger une plus grande quantité de bétail, que pour recevoir des moissons plus abondantes du double de ce qu'elles font aujourd'hui, & que ce n'est que par une révolution infenfible & tardive que l'art de la cultiva-tion deviendra fufceptible de prendre une autre forme.

*Permis d'imprimer. A Be-fançon le 15 novembre 1768.*
BINÉTRUY de
Grandfontaine.